¡Se mueve!

Harcourt
SCHOOL PUBLISHERS

¡Visita *The Learning Site!*
www.harcourtschool.com

El movimiento

¿Tienes una pelota en casa? ¿Es difícil lograr que se quede quieta?

Las pelotas se mueven mucho. Cuando una pelota se mueve, está en **movimiento**.

Esta pelota está en movimiento.

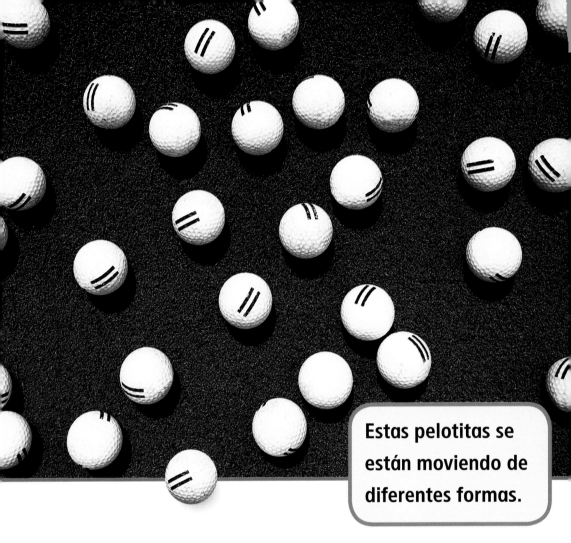

Estas pelotitas se están moviendo de diferentes formas.

Las cosas se mueven de muchas formas. Una pelota puede moverse hacia arriba o hacia abajo. Puede seguir un recorrido recto o curvo. Incluso puede moverse en círculos.

 Destreza clave

COMPARAR Y CONTRASTAR Compara una pelota en movimiento con una pelota quieta.

La velocidad

La **velocidad** es la rapidez con que algo se mueve. La velocidad de una pelota en movimiento puede ser lenta o rápida.

También, la velocidad de un carro en movimiento puede ser lenta o rápida.

La pelota de béisbol va rápido después de que el bate la golpea.

Una tortuga camina lentamente.

Datos breves

El tren más rápido del mundo puede ir a 518 kilómetros por hora.

Los aviones y los trenes se mueven a gran velocidad. Son más rápidos que los carros.

Algunos animales también se mueven a gran velocidad. Otros, en cambio, se mueven lentamente.

 COMPARAR Y CONTRASTAR ¿Qué se mueve más rápido: un carro o un avión?

La fuerza

Una **fuerza** hace que algo se mueva o deje de moverse. Para lanzar una pelota, usas la fuerza. Para atraparla, también usas la fuerza. La fuerza de tus manos hace que la pelota se detenga.

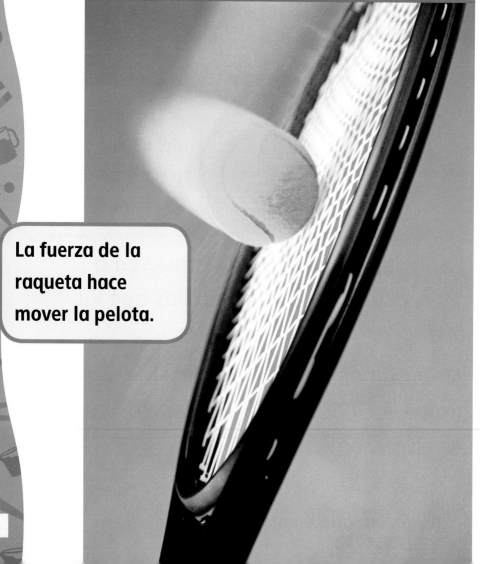

La fuerza de la raqueta hace mover la pelota.

Al empujar y jalar un columpio, lo movemos hacia adelante y hacia atrás.

Empujar y jalar son formas de usar la fuerza. Al **empujar** un columpio, lo mueves alejándolo de ti. Al **jalar** un columpio, lo acercas hacia ti.

CAUSA Y EFECTO ¿Qué sucede cuando jalas un objeto?

La fuerza y los cambios

La fuerza puede cambiar la velocidad de un objeto. Una pelota puede alejarse rodando lentamente. Pero irá más rápido si la empujas.

Estos globos volarán más rápido si el viento los empuja.

Para que una pelota se aleje mucho, debes patearla fuerte.

La fuerza puede cambiar la dirección de un objeto. La pelota se mueve hacia ti. Al golpearla con el bate, se aleja.

Datos breves

La mayor velocidad alcanzada por una pelota de béisbol superó los 160 kilómetros por hora.

Golpea una pelota con fuerza. Verás que se aleja rápidamente. Golpéala suavemente. Se mueve despacio y no llega lejos.

CAUSA Y EFECTO ¿Qué sucede con una pelota si la golpeas suavemente?

Hacia el suelo

La **gravedad** es una fuerza que jala las cosas hacia el suelo. Hace que las cosas caigan a menos que una fuerza las sostenga. La gravedad te jala hacia el suelo. Por eso, esquiar es tan divertido.

IDEA PRINCIPAL Y DETALLES ¿Por qué caen los objetos al suelo?

La gravedad ayuda a este esquiador a bajar la montaña.

La gravedad jala estas monedas hacia el suelo.

Resumen

La fuerza hace que los objetos se muevan o dejen de moverse. También hace que se muevan más rápido o más lentamente. La fuerza puede cambiar la dirección de las cosas. Empujar y jalar son formas de usar la fuerza. La gravedad es una fuerza que jala las cosas hacia el suelo.

Glosario

empujar Hacer fuerza contra un objeto para alejarlo (7, 8, 11)

fuerza Algo que hace que un objeto se mueva o deje de moverse (6, 7, 8, 9, 10, 11)

gravedad Una fuerza que jala las cosas hacia el suelo (10, 11)

jalar Hacer fuerza para acercar un objeto hacia ti (7, 10, 11)

movimiento Lo que sucede cuando algo se mueve. Cuando las cosas se mueven, están en movimiento. (2, 3)

velocidad La medida de la rapidez con que algo se mueve (4, 5, 8)